宇宙·神奇的天体

我们的地球

温会会/文 曾平/绘

U0384925

浙江摄影出版社

全国百佳图书出版单位

你好，我是地球！在浩瀚无垠的宇宙中，我是和你最息息相关的星球，也是你最熟悉的家园。

我是一颗由岩石构成的行星。我和水星、金星、火星、木星、土星、天王星、海王星一起围绕太阳公转，并和其他所有围绕太阳公转的天体共同组成了太阳系。

　　中国有一句古诗——"不识庐山真面目，只缘身在此山中"。同样的道理，你生活在地球上，自然很难看到我的全貌。

　　在古时候，人们认为我是宇宙的中心，是一个端端正正的正方体，天空像圆形帐篷一样覆盖在大地上。

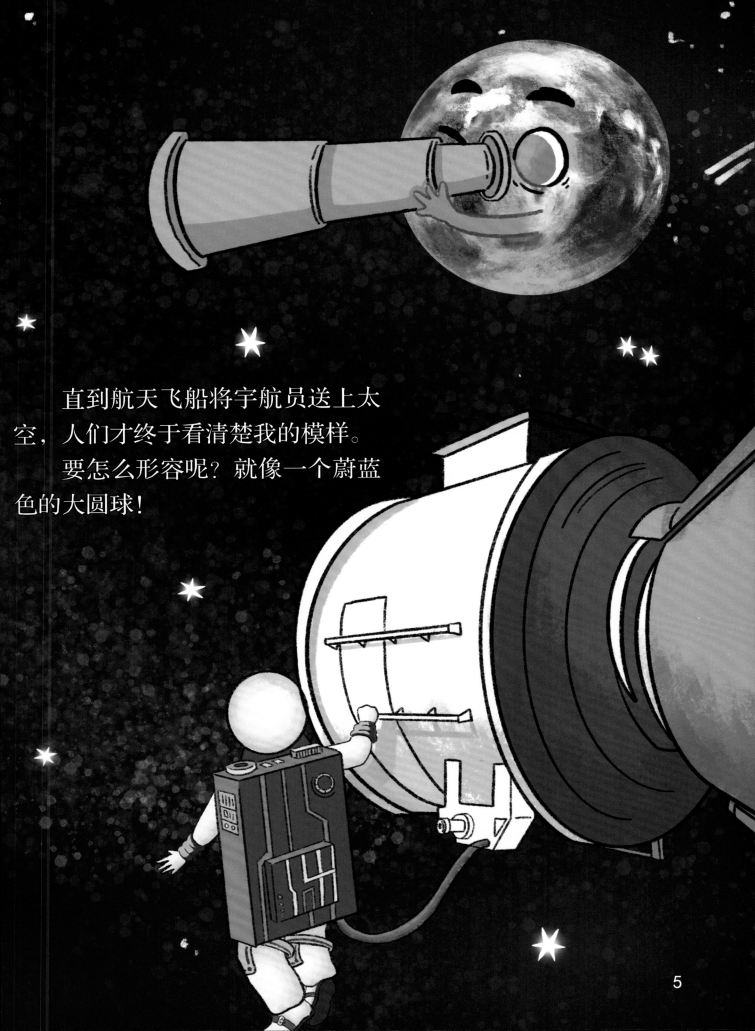

直到航天飞船将宇航员送上太空，人们才终于看清楚我的模样。要怎么形容呢？就像一个蔚蓝色的大圆球！

我从充满尘埃、气体和岩石的"原始太阳星云"中诞生，和其他行星一样，经历了吸积、碰撞、凝聚等一系列的物理演化过程，终于形成了一个巨大的岩石球，主要成分是铁、氧、硅、镁。

从诞生到现在，我已经在宇宙中
生活了近 46 亿年。
真是超级漫长的时光啊！

我绕着太阳转一圈需要约 365 天，也就是一年的时间。

由于我运行的速度非常缓慢，所以你压根儿就感觉不到我在转动。幸运的是，我和太阳之间的距离刚好能让水保持液态的形式，这让我成为一个温度适宜的星球，能够支持生命存活。

太阳为我提供光和热，让万物欣欣向荣，充满活力。如果没有太阳，我将会变得冰冷而黑暗，无法孕育生命。

在绕着太阳公转的同时，我也一直在自转。我自转一圈是一个太阳日，即约 24 小时，并产生昼夜交替的现象。

很多行星都有卫星围绕它们公转，而我唯一的天然卫星就是——月球。

　　月球的半径大约只有我的四分之一，它是一个巨大的岩石球。它围绕我公转一圈需要约 27 天的时间。

月球会影响地球，使得海水每天都有涨有退，这种自然现象被称为"潮汐"。

我的身体外面包裹着厚厚的"空气外套"，也就是人们常说的大气层。它能保护我不受到太阳热辐射和陨石的伤害，还能帮助植物制造氧气，维护水循环，并具有保温的作用。如果大气层遭到破坏，万物就难以生存。

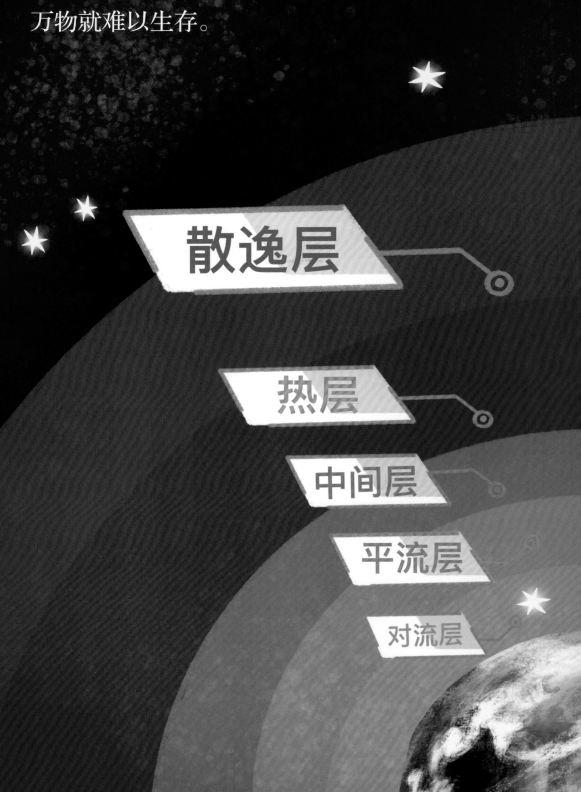

散逸层

热层

中间层

平流层

对流层

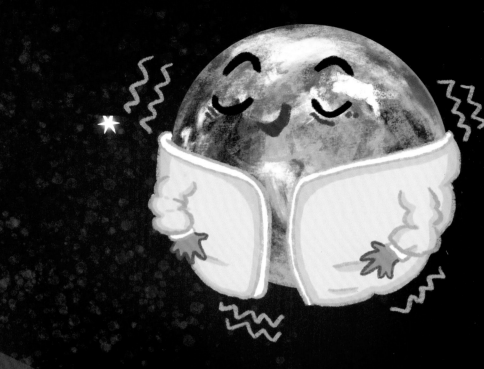

1000km

500km

85km

50km

18km

　　大气层由内到外可分为对流层、平流层、中间层、热层、散逸层，主要由氮气、氧气和氩气组成。

人类生活在薄薄的地壳上，喜欢仰望天空，向往壮美的宇宙，但你知道我的内部是什么样子的吗？

内核是地球磁场产生的根源，温度高达6000℃！

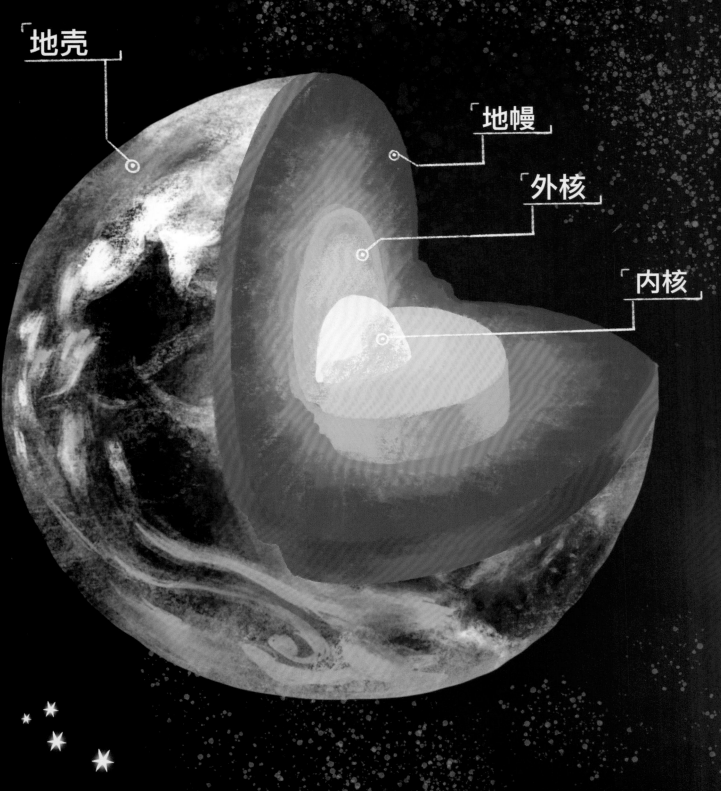

地壳

地幔

外核

内核

虽然人类目前还无法到达地层深处，但对其的想象却从未停止。在科幻小说的描述中，在地球某处有一个入口，能通向神秘的地心世界，地核就是地心世界的太阳——这是多么有趣的幻想啊！

为什么我的身体看起来是蔚蓝色的？因为海洋覆盖了我身体表面的大部分。

大约在 38 亿年前，地球上出现了最初的生命。海洋就是生命的起源地。从早期的微小生命体到现在不同种类的生物，中间经历了漫长的进化过程。

海洋之外是成片的陆地。和一望无际的海水不同，陆地呈现出形形色色的地貌——辽阔的草原、高耸的山脉、人迹罕至的沙漠、茂密的森林、寒冷而坚固的冰川、危险的沼泽……它们共同组成了这个多姿多彩的世界。

　　地球表面并不是静止的，而是一直都在发生变化。地壳被
分割成巨大的板块，持续缓慢地移动着，板块之间的碰撞和摩
擦会导致地震和海啸。

19

当我围绕太阳公转时，南北半球获得的热量不一样，于是便产生了季节。

赤道是获得阳光最多的地区，一年四季都非常炎热。

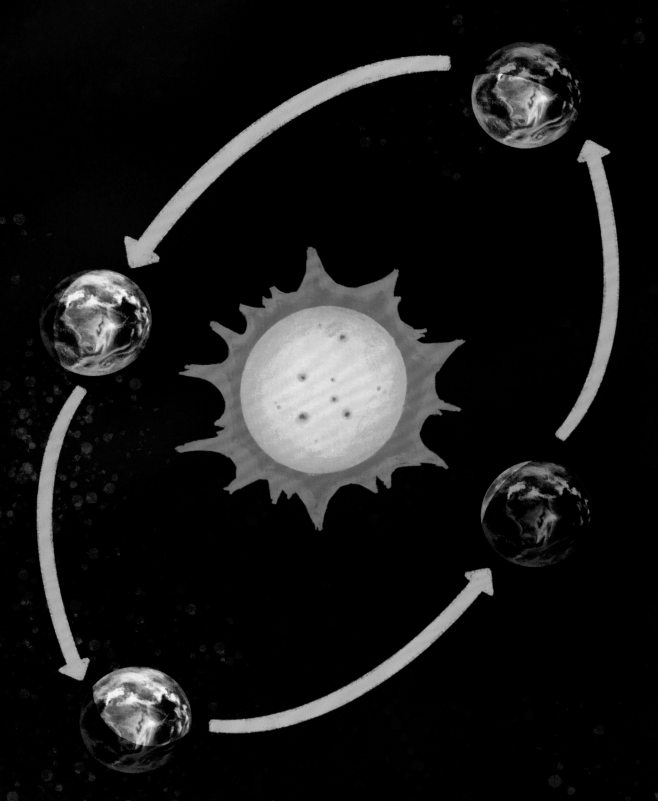

南半球的季节和北半球相反。
当北半球的人们在海边避暑时，南
半球的人们正在体验滑雪的快乐。

21

在大气的影响下，会出现风、云、雨、雪、雾、雷电等各种天气现象。

　　天气就像是我的心情，每一天都不一样。人们制造并发射人造卫星和航天器，它们围绕着我运行，其中一些用来监测天气。你能够通过天气预报及时了解天气的变化，让出行更加便利。

　　我是目前人类所知的唯一适合生命繁衍的星球。但全球气候变暖、海平面上升、塑料污染等环境问题都在加剧对我的伤害。我的资源并不是取之不尽用之不竭的，请好好保护我——你唯一赖以生存的家园！

人类一直都在孜孜不倦地找寻和我一样宜居的星球，但宇宙实在太大了，它不但拥有数千亿个像银河系那样庞大的星系，而且还在不断地膨胀。

在宇宙中，我只是一颗十分渺小的星球，
人类探索宇宙的路还很长很艰难，数不清的奥
秘正在等待着你来发现……

责任编辑　陈　一
文字编辑　谢晓天
责任校对　高余朵
责任印制　汪立峰

项目设计　北视国

图书在版编目（ＣＩＰ）数据

我们的地球 / 温会会文；曾平绘． -- 杭州 ：浙江
摄影出版社，2023.3
　　（宇宙·神奇的天体）
　　ISBN 978-7-5514-4398-2

　　Ⅰ．①我… Ⅱ．①温… ②曾… Ⅲ．①地球一少儿读
物 Ⅳ．① P183-49

中国国家版本馆CIP 数据核字（2023）第 032349 号

WOMEN DE DIQIU

我们的地球
（宇宙·神奇的天体）

温会会 / 文　曾平 / 绘

全国百佳图书出版单位
浙江摄影出版社出版发行
　　　　地址：杭州市体育场路 347 号
　　　　邮编：310006
　　　　电话：0571-85151082
　　　　网址：www.photo.zjcb.com
制版：北京北视国文化传媒有限公司
印刷：唐山富达印务有限公司
开本：889mm×1194mm　1/16
印张：2
2023 年 3 月第 1 版　　2023 年 3 月第 1 次印刷
ISBN 978-7-5514-4398-2
定价：39.80 元